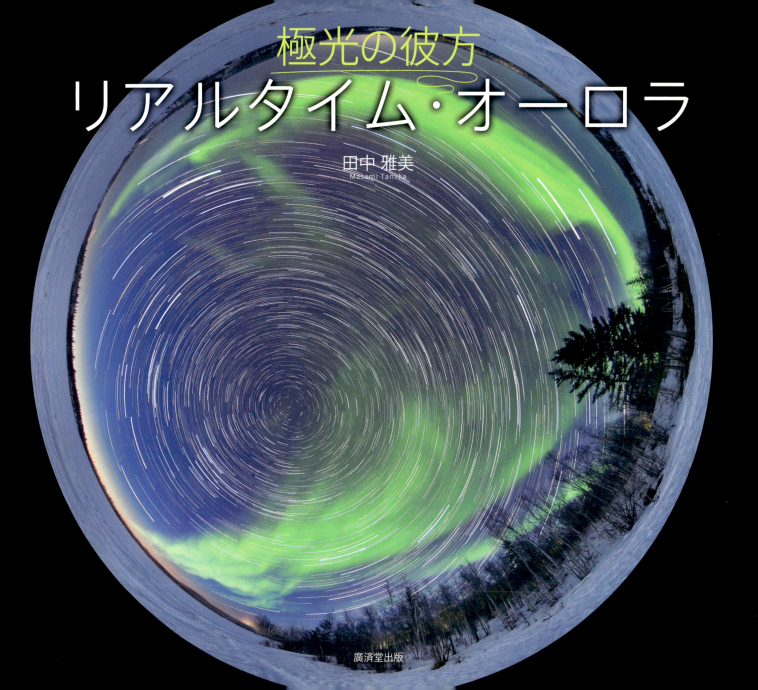

はじめに

　早いもので写真集『極北の絶景 パノラマ・オーロラ』を出版してから4年が経ちました。現在も撮影は四季を通し、カナダのNWT（ノースウエストテリトリー）へと通っています。
　その間にも素晴らしいオーロラが私の目前に顕われました。10年に1度と言われるオーロラ、空を真っ赤に染めるオーロラ、夜通し消えることのないオーロラ、思い起こせばたくさんのオーロラとの出会いがありました。イエローナイフでは過去最高のオーロラと出会うことが出来たと思えば、明くる日は天気が悪く、何日も撮影が出来ないこともありました。
　このたびの新たな写真集制作にあたり、過去の自分の撮ったオーロラ画像を眺めていると、明らかに表現が変化してきていることに気付きます。それまで静止画撮影がメインだったのが、現在では静止画撮影と動画撮影での表現の割合が半々くらいになっています。
　特に静止画撮影の表現が劇的に変わり、タイムラプス撮影から切り出したフレーム配置が多くなりました。フィールドに設置するカメラの台数も、それに伴って増えています。一方リアルタイム動画は1台のカメラで撮影しています。
　オーロラ撮影による紙上媒体と動画媒体を織り交ぜたこの写真集は、私にとって4年間の集大成です。写真集を観たあとは付属のDVDをご覧下さい。そして、ぜひ実物のオーロラを観に、極光の彼方へとお出かけください。

自然写真家　田中雅美

Contents

はじめに 2　　Notes 6　　Winter 7　　Spring 25

Summer 53　　*Autumn* 77　　*Index* 104　　あとがき 113

Notes

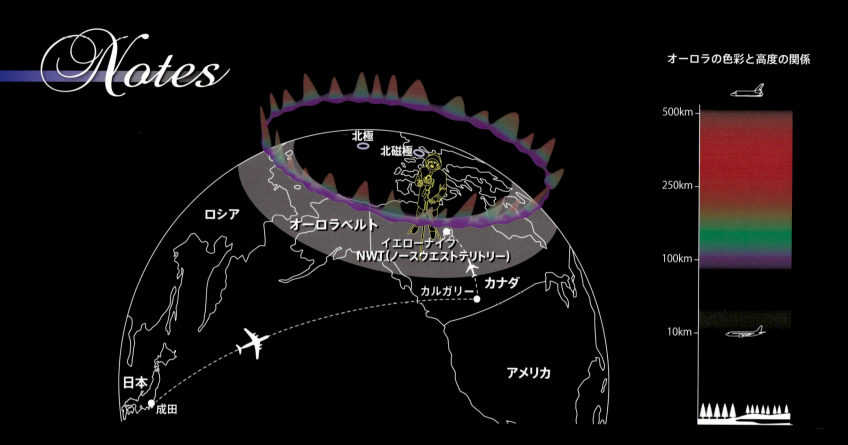

オーロラの色彩と高度の関係

　オーロラの発生場所は、概ね北緯60度以上にある地球の磁極を取り巻くようなドーナツ状の「オーロラベルト」と呼ばれる領域で、代表的なビュースポットはノルウェーやフィンランドのラップランド地方、アラスカのフェアバンクス、カナダのイエローナイフやホワイトホース周辺です。
　肉眼で見られるオーロラの色は、緑、ピンク、青、紫、赤です。
　オーロラの活動が活発な時は上部が赤色になりますが、中世ヨーロッパでは血液を連想し、災害や戦争の前触れ等の凶兆と解釈されていました。北欧では狐のしっぽが水を振り上げて結晶となった氷が光り輝きオーロラになったという神話があります。古代中国ではオーロラは赤い龍に見立てられ、不吉なことが起こる前触れと信じられていました。
　日本書紀には、推古天皇28年(620年)、天にキジの尾のような赤い気が見えたという記録が残っています。これが日本の記録に残る最古のオーロラです。その後、さまざまな文献に記録が残されました。いずれも「赤気」と記録されていることから、赤いオーロラをイメージします。
　オーロラの呼び名も世界さまざまで、英語ではaurora、北極光をnorthern lights、aurora borealis、南極光をsouthern lights、aurora australisと呼んでいます。

Winter

張り詰めた空気を切るような痛みが皮膚に走る真冬は
人にもカメラにも辛い季節。
躍動するオーロラを背景に、
キャンドルのような白い教会のシルエットが浮かぶ。

Spring

氷が溶け出した川面の澄み切った水と草木の匂い、
夜空では終わることのないオーロラのダンス、
森のフクロウの賑やかな鳴き声がもたらす春の予感。

Summer

湖畔にはキャンプと人影、花火と大合唱。
虫たちも負けじと集う夏の日、森の中で浮き足立つ動物たち。
満ちる生命力に呼応するように鮮やかなオーロラが水面に映る。

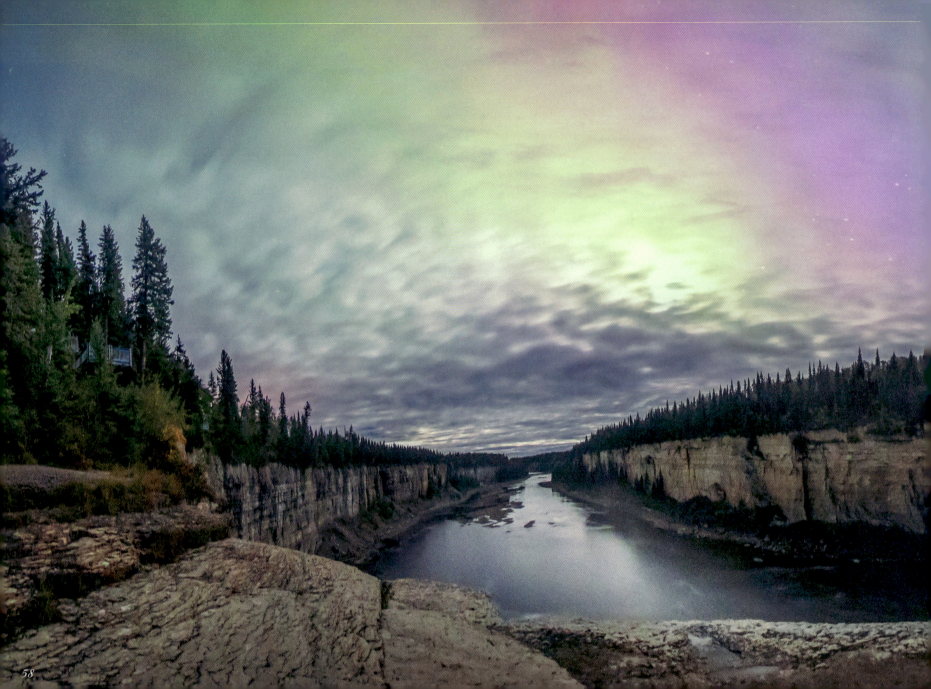

Autumn

夜の温度がマイナスになる事もある秋の夜長は
オーロラ撮影には最適だ。
に輝いた草木の間からリンクス（オオヤマネコ）が顔を出す。
霧の立つ湖畔ではビーバーが忙しく泳いでいる。

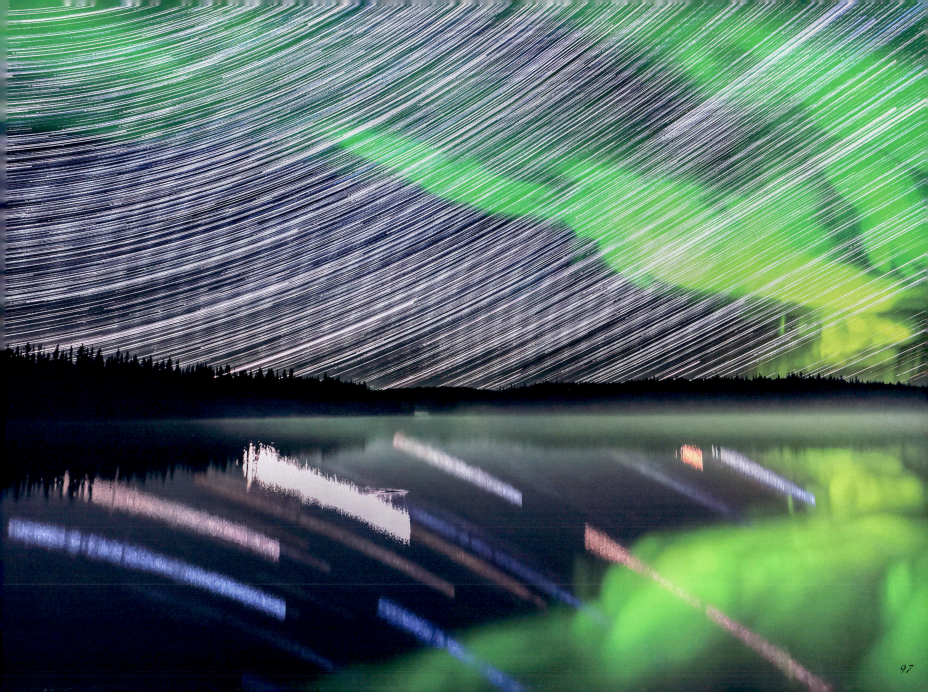

Index

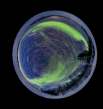

P001
円周魚眼で連続撮影をしたものをコンポジット（比較明合成）して、星の軌跡とオーロラを表現した。

P002-003
夕暮れ迫る中、凍り始めている滝では温度差により水蒸気が舞っていた。気温-41度である。

P004-005
厳冬期のマッケンジー川にはまるで流氷のように氷の塊が押し寄せてくる。一見、徒歩で行けそうだが実際には危険で絶対に人を寄せ付けない。

P007
教会を背景にオーロラが出現、そして絶好のチャンスは一瞬で終わった。

P008-009
凍るマッケンジー川、北極海まで続くNWT最大の大河である。オーロラとの組み合わせを狙ったものの、なかなか実現出来なかった奇跡の1枚である。

P010
湖の上に立つ彫刻、アイスキャッスルの上に現れたオーロラ。この場所は地表が氷のため非常に寒い。

P011
イエローナイフ市内の各公園は12月になるとイルミネーションで飾られる。オーロラとの組み合わせを狙うため、この日は撮れる瞬間まで粘った。

P012-013
12月の後半、木々に樹氷が付く季節なのでオーロラと共に狙うも、なかなか晴れる日がなく諦めていた時、数時間だけ空が晴れ、撮影することができた。

P014
毎日積雪に悩まされ、撮影が可能になるまで5日間待つ。狙い通りの撮影が出来、待った甲斐があった。

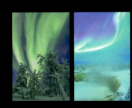  

P015
左：新雪の中をラッセル状態で進むと倒れている木の向こう側よりオーロラが一気に出現した。右：凍りついた滝とオーロラの組み合わせを撮るのに4年かかった。

P016-017
凍りつくマッケンジー川の夕焼けとオーロラ。これを狙って毎年通いつめ、5年目にようやく撮影出来た。

P018
誰も入ることのない森の奥には素晴らしい未知の世界が潜んでいる。その静寂の中で寒さに耐えながらオーロラを待つのも格別だ。

P019
偶然、脈動オーロラが宙に現れた。慌ただしい動きとの初めての出会いに、ただただ唖然とした。

P020-021
スプルースの森で不思議な色のオーロラに出会う。この後、グリーンの色を覆い尽くすほどの真紅のオーロラを撮影する事が出来た。

P022-023
渦を巻く激しい動きのオーロラが突如出現した。慌ててパノラマ撮影の準備をして何とか間に合った。

P025
氷が溶け出した春のキャメロン川に映るオーロラ。

P026-027
繊細でありながら強烈なパワーのオーロラがブレイクアップ（オーロラ爆発）する。この瞬間はいつも緊張する。

P028
氷の溶け出した湖に出現した強いオーロラは、独特な色で宙を走り抜けた。

P029
地球に太陽フレアが到達する日、期待しながら待っている

P030-031
夕照の残る中、月と金星をオーロラが隠すことなくコラボ

P032
左：まっすぐどこまでも続く道の上に現れたオーロラ。右：

P033
左：グリーンの色を持たない強いオーロラの出現。このオーロラが出るときは夜通し出続けることが多い。右：夕照の残る中、突如大爆発するオーロラ。夜空を走り回った。

P034-035
氷が溶け出した湖面にオーロラが映る、春ならではのシーンである。

P036-037
待ちに待った瞬間、氷、水、流れ、逆さオーロラ、全てがフレームに入る最高の春である。

P038
左：イエローナイフに僅かに残るダイヤモンド鉱山の跡、この建物とオーロラがついに撮れた。右：天頂に達するほど巨大なカーテン状オーロラ、なかなか撮れない代物。

P039
左：湖面を照らす月の上にオーロラが出現、贅沢なシーンでもある。右：狙った撮影場所に急いで向かっていたが。オーロラは待ってはくれず、途中で撮影することに。

P040-041
「早春の絶景」と思っている自分の中の理想が撮影できた瞬間。

P042-043
時として真紅のオーロラが出る時がある。この日も偶然遭遇した。

P044
20年で1度しか出会ったことのないオーロラ。ありえない色配置をしている。

P045
春の定番写真だが、これを撮影するための苦労は真冬以上。

P046-047
暖かくなり氷に穴が空く時期になったので、この場所に行く場合は、ゆっくり、ゆっくりと歩き、カメラをセットしてVRパノラマ撮影。

P048
この日のオーロラはいつまでも消えることがなく、朝まで何度もブレイクアップを繰り返していたので、VR360パノラマで撮影した。

P049
ごくまれに出現する赤色系のオーロラパターン。これはピンクが強いオーロラ。これに出会うのは数年ぶりだった。

P050-051
イエローナイフお気に入りの場所で、今回自分の中で満点が出せるほどの秋のイメージが撮影できた。

P052
2017年9月、非常に大規模な太陽フレアが発生し、彼方より地球に降り注いだオーロラ。これはBS-TBS「地球絶景紀行」の番組でメインとして使用した映像の一コマ。

P053
超広角レンズを使い横位置で3枚の撮影。夕焼け空の残る中、東西にブレイクアップをしながら伸びていく強烈なオーロラ。この日は夜通し消えずに明け方まで現れていた。

P054-055
夕照の中、二重の円を描くオーロラが現れ、湖面の反射によって見事なオーロラシーンとなった。

P056
試しに霧の中のオーロラを狙ってみた。諦めかけた時にやっとオーロラが姿を現した。

P057
雲の多い日でも、わずかな可能性に賭けて撮影に行ってみると、たまにはこんなプレゼントをしてくれる。

P058-059
この川と滝をバックにオーロラを狙うこと7年、今でも納得のいく撮影は簡単にはさせて貰えない。

P060
この日はなかなかオーロラが出ないので、終わりにしようと機材を片付け始めたら、突然姿を現した。

P061
湖面に色を映し出す特に強いタイプのオーロラ。

P062
左：鏡に映したかのように静かな湖面にオーロラが反射する、非常に綺麗な瞬間。右：新月の暗闇に現れるオーロラは、どんな場面よりも鮮明で美しい。

P063
左：この日は天の川が見事なまでに美しく、待ち望んでいたオーロラが現れてくれた。右：現地の人の道しるべ（イヌクシュク）とオーロラとの組み合わせは待ちに待った瞬間。

P064-065
狂喜乱舞するオーロラが現れた。この日は短時間にフルパワーを発揮したオーロラが撮影できた。贅沢な一瞬だ。

P066
夜の早い時間にオーロラはやってきた。この後に夜空を駆け巡った。

P067
ブレイクするオーロラ。これがイエローナイフの典型的なオーロラの姿である。

P068
左：ホテルに戻り駐車場から空を見上げるとオーロラがブレイクアップ、慌てて手持ち撮影。右：天の川を横切るオーロラ、永らく狙っていたがうまく撮影ができないでいた

P069
左：天の川と背中合わせのオーロラが撮影できた貴重な瞬間。右：真上でオーロラがブレイクアップをしているが、よく見るとその中央を旅客機が飛んでいる。

P070
雲間よりオーロラが現れた。しかもかなり強いオーロラだ。

P071
雲間から現れるオーロラを撮影するのは、快晴の空よりも難しい。

P072-073
グレートスレーブ湖の中にある無人島に渡っての撮影。天の川と乱舞するオーロラが迎えてくれた。

P074
20年以上の撮影で初めて出会った積乱雲と舞うオーロラ、奇跡の1枚。

P075
左：夕照のボート停泊地にオーロラが出現、夢中でシャッターを切った。右：過去に2度出現したスティーブ。珍しい現象なので嬉しい出会い。ちなみにオーロラではない。

P077
2本のオーロラが重なるように現れた。このシーンもかなり珍しいシーンなので夢中でシャッターを切った。

P078-079
辺りが強い月明かりに染まった日、絶妙なポジションにオーロラが現れたのでパノラマ撮影を行った。

P080
秋になって急に気温が下がり湖面から靄が立ち始めた頃、一緒にオーロラも現れてくれた。

P081
湖畔で木々を入れて撮ろうと待っていると、タイミング良くオーロラが湖面に反射して、見事な逆さオーロラが撮影出来た。

P082
淡い色をしたオーロラと霧立つ湖面を一緒に撮影。

P083
雲間より出てくれたオーロラがタイミング良く湖面にも映った。

P084-085
晩秋に近い日、流れの強い川岸でオーロラの出現を待っていると、素晴らしい形で現れてくれた。

P086
一作目でも撮影した同じ場所から再び撮影。この日は前作を遥かに超える姿のオーロラが出てくれた。

P087
このアッパーキャメロンの滝は、一作目の写真集のカバーを飾る、今でも大好きな滝だ。

P088
ホテルの窓より外を眺めていると、街の頭上にオーロラが

P089
イエローナイフ空港の上空でブレイクアップするオーロラ

P090-091
湖畔でパノラマ撮影の準備をしていると、突然オーロラが

P092/093
左：湖畔でオーロラを待っていると、予想外の位置から最高のフォルムで現れ、その姿を湖面に映し出した。右：乱舞するオーロラが湖面に反射し、独特の表現になった。

P094
左：タイミング良く小さな沼地にオーロラが反射して、秋のイメージを表現してくれた。右：湖面に映る逆さオーロラのお手本のような写真が撮れた。

P095
左：逆さオーロラのワンシーン。右：雨が上がり空が晴れ、天の川が見えてきた。それに合わせるかのようにオーロラが出てくれた。

 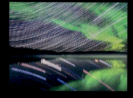 

P096
半円を描くオーロラと渦を巻くオーロラが同時に現れた。かなり珍しいことなので夢中でシャッターを切る。

P097
湖面に映るオーロラと星の軌跡のコンポジット撮影。星が多いので、空は無数の星の軌跡で埋め尽くされる。

P098-099
形の良い円を描くオーロラの出現、これは嬉しい。

P100/101
左：渦を巻きながら二重に出るオーロラのスタイルは理想的。右：行く手を阻むオーロラの出現。これが出てしまうと最終目的地にはなかなか辿り着かない。

P102-103
秋の夜長、幽玄の舞台に舞い降りたオーロラは、神秘的というよりも畏怖を感じた。

P114-115
年に1度出会えれば幸運の赤色オーロラ。この日オーロラは強く出ないだろうと期待していなかったが、明け方近くに、その出会いは突然起こった。

あとがき

2018.11

　カナダのノースウエスト準州にテーマを絞り、様々な撮影スポットへ旅をしてきた私のオーロラ撮影ですが、特に一作目の写真集を出してからは、到着地のイエローナイフから離れ、より南側に移動しつつ新たな撮影スポットを探し求めていました。

　もちろんイエローナイフでも十分撮影することは出来るのですが、じっくり腰を降ろしてオーロラ撮影するとなると、残念ながら難しい場所になりつつあるのが現状です。しかし幸いなことに現地在住の友人のおかげで、新たなフィールド開拓は予想以上に進みました。

　ところがイエローナイフから離れてしまうと、南側の気象事情のせいで悪天候になるケースが多く、困ったことにオーロラの出現回数にも変化が起きてきました。イエローナイフに設置したライブカメラがブレイクアップ（オーロラ爆発）を映し出している最中に、南側では全くオーロラが現れないことが多々あったのです。

　私にとってこれはとてもリスキーなことでした。1週間滞在してもオーロラは現れず、悶々とした思いでイエローナイフに戻り、オーロラを宙に眺めることが幾度となくありました。「オーロラをただ撮影すれば良いというわけじゃないのだから」と自分に言い聞かせながら、辛抱強く狙いのオーロラが現れるのを待った日々を思い出します。

　また、オーロラが現れていても、撮影をしないで眺めていられるようにならないと、真の意味での良い作品撮りは難しいものです。それはオーロラが出現するインパクトに一度圧倒されてしまうと、冷静に周囲の環境が見えなくなり、風景とオーロラを同時にフレーミングし、頭の中で組み立てることが難しくなってしまうからです。カメラを持たずにオーロラ撮影のロケハンに行けるようになるまでは、なかなかイエローナイフを離れることが出来ませんでした。

　20年以上オーロラを撮影してきて、ようやくここ数年冷静にオーロラを見ることが出来るようになりましたが、それでもまだ半人前です。今後オーロラ撮影は、自分の狙ったもの以外は撮らないようになるだろうと感じています。

　オーロラを撮影していて感じていたことがもうひとつあります。それはカメラやソフトウエアの技術革新です。今までは連続写真を繋げてコマ送りの動画のように見せるタイムラプス以外、オーロラ撮影の選択肢がありませんでした。しかし5年ほど前からオーロラをリアルタイムで動画撮影出来るようになり、高品質のリアルタイム動画が撮れる時代が到来しました。

　私はいち早くリアルタイム動画の撮影に取り組みましたが、撮影後のデータ処理には膨大な時間が必要となり、せっかく撮れてもなかなか作品にはなりませんでした。しかしここ1〜2年の更なる技術的進化によって、かなり手ごたえのあるリアルタイム動画の制作が可能になってきました。

　今、私の撮影表現のメインはリアルタイム動画に移行しつつあります。今回の写真集では、今後の自分の可能性を模索するために、あえてタイトルに「リアルタイム」と付けています。付属のDVDにはタイムラプスとリアルタイムの2種類の動画を収録しました。これらの動画から、より本来のオーロラの姿を皆さんに感じていただければ幸いです。

PROFILE
自然写真家

田中雅美 Masami Tanaka

幼少期より写真に興味を持ち、18歳の時には自宅に暗室を建て、カラー写真の現像とリバーサルフィルムの現像まで始める。その後、写真専門学校を経てフィルム会社で手焼きに従事。2年で独立、ネイチャーフォト全般の撮影を始め1998年より北緯60度以上の自然撮影を始める。23歳の時、渓流でヤマセミと出会う。その時見た姿に魅了され以後12年間かけ撮影に没頭。そして写真集『山翡翠』(クレオ)を上梓。展覧会は富士フイルムフォトサロンを始めコニカミノルタプラザ等全国で行う。オーロラ作品はアートに仕上げた物は画廊で展覧会等開催。都内の画廊で行われた黒澤明の版画「影武者」展覧会にオーロラアートで参加。オーロラ作品はアマチュアからプロまで含めたカルチャースクールをNHKや工学院大学で3年間指導。初のオーロラ写真集『極北の絶景パノラマ・オーロラ』(河出書房新社)刊行。その美しい絶景写真のみならず、付録DVDのオーロラ映像も話題となる。新聞は主にフジサンケイ系列で作品を公開、テレビはNHK・BS-TBS・日本テレビ・NHK-BSプレミアム等に出演、作品を提供する。雑誌はネイチャー誌や旅行誌・パンフレット・その他多数。カナダ観光局およびノースウエスト準州観光局公認のオーロラ写真家。公益社団法人 日本写真家協会(JPS)会員。公益社団法人 日本広告写真家協会(APA)会員。現在、海外取材のほとんどがオーロラのVR360パノラマとリアルタイム撮影である。

1961年	埼玉県に生まれる。
1979年	写真専門学校在学中に手焼きプリントに興味を持ち卒業後プロラボでカラープリントの手焼きに従事。
1983年	独立。
1984年	ネイチャーフォト全般の撮影を始める。
1996年	写真集『山翡翠』(クレオ)を刊行。
1998年	STUDIO REBONTをオープン。同年より北緯60度以上の自然撮影を始める。現在、海外撮影のほとんどが北緯60度以上の自然とオーロラである。日本国内ではVR360風景写真とタイムラプスを、スタジオではポートレート撮影をメインにする。撮影分野は多種多様で全国で展覧会多数開催。
2012年	The EPSON International Pano Awardsでシルバー賞受賞。
2013年	世界最高水準の映像を映し出す最新デジタルドームシアター「神楽洞夢」(岡三証券グループ津ビル4F)オーロラムービーに採用。
2014年	写真集『極北の絶景パノラマ・オーロラ』(河出書房新社)を刊行。
2016年	新宿フジフォトギャラリーにてオーロラ合同展。
2017年	フジフイルムやパナソニックの静止画、動画のサンプル撮影を行う。フジフイルムの企画展に参加。
2018年	フジフイルムの企画展に参加。銀座フジフォトギャラリーにてオーロラ合同展。
2014年〜現在	フジフイルムやヨドバシカメラ等メーカーイベントで講師を務める。
2015年〜現在	HISのツアーインストラクターや同行撮影指導等を行う。

特典DVDの操作手順

1. DVDプレーヤーにディスクをセットします。
2. メニュー画面が表示されます。
3. ALL PLAYもしくは、選択したchapterからご覧いただけます。

全部を見る
chapter1からchapter3の順に、全編ご覧いただけます。

chapter1-3
選択していただいたchapterから見ることができます。

［使用上の注意］
- このディスクを無断で複製、改変、放送、有線放送、上映、公開演奏、ネットワークでの配信、レンタルすることは法律で禁じられております。
- このディスクは図書館等での非営利無料の貸出しに利用することができます。
- このディスクはDVDビデオ対応のプレーヤーおよびDVDビデオ対応のパソコンで再生してください。
- 各再生機能については、ご使用になるプレーヤーおよびパソコンの取扱説明書を必ずご参照の上、お楽しみください。

極光の彼方
リアルタイム・オーロラ

2018年12月10日　第1版第1刷

著者	田中雅美
発行者	後藤高志
発行所	株式会社 廣済堂出版

〒101-0052 東京都千代田区神田小川町2-3-13 M＆Cビル7F
電話：03-6703-0964 [編集]
　　　03-6703-0962 [販売]
FAX：03-6703-0963 [販売]
振替：00180-0-164137
http://www.kosaido-pub.co.jp

印刷・製本　株式会社 廣済堂

STAFF

編集・デザイン	神崎夢現 [mugenium inc.]
イラスト	内山弘隆
企画	mugenium inc.
協力	株式会社インタニヤ
	パナソニック株式会社
	富士フイルム株式会社
	エア・カナダ
	カナダ観光局
	STUDIO REBONT
DVDオーサリング	コスモテック株式会社

ISBN978-4-331-52199-1 C0074
©2018 Masami Tanaka　Printed in Japan

定価はカバーに表示してあります。
落丁・乱丁本はお取り替えいたします。

本書のコピー、スキャン、デジタル化等の無断複製は著作権法上での例外を除き禁じられています。
本書を代行業者等の第三者に依頼してスキャンやデジタル化することは、いかなる場合も著作権法違反となります。
本書に付属するDVDは、図書館等での非営利無料の貸出しに利用することができます。